TRAITÉ

SUR LÉ TRAVAIL

Des Vins blancs mousseux.

TRAVAIL

SUR LE TRAVAIL

Des vins blancs mousseux

TRAITÉ

SUR LE TRAVAIL

DES VINS BLANCS MOUSSEUX ;

PAR M. FRANÇOIS,

ancien pharmacien,

À Châlons-sur-Marne.

Châlons-sur-Marne,

IMPRIMERIE DE BONIEZ-LAMBERT,

Rue d'Orfeuil, nos 14 et 16.

——

1837.

TRAITÉ

SUR LE TRAVAIL

DES VINS BLANCS MOUSSEUX.

NOTIONS PRÉLIMINAIRES SUR LE FERMENT.

Le ferment, ainsi que je l'ai dit dans le mémoire que j'ai publié en 1836, est un des corps auxquels on doit attribuer en grande partie les anomalies si surprenantes que l'on remarque dans les vins à l'époque du développement de la mousse.

En effet, les vins renferment du ferment dans des proportions différentes, selon l'exposition et la localité d'où ils proviennent, ou suivant que l'année a été plus ou moins chaude.

C'est cette variation dans les quantités de ce principe, qui a produit des résultats jusqu'à présent si inexplicables, parce qu'ils n'ont pas été assez observés, et que l'absence ou la présence de la chaleur, dont on tenait peu compte, a singulièrement compliqués.

La quantité de ferment est en raison directe de la présence de l'acide tartrique, qui est son dissolvant naturel.

Ainsi, plus un raisin s'éloignera de l'état de maturité, plus il contiendra d'acide tartrique ; alors, on peut être

certain que le vin qui en résultera renfermera une forte
proportion de ferment.

Le contraire existera dans un raisin parfaitement mûr ;
il donnera un vin très-sucré, peu d'acide, et par conséquent bien peu de ferment.

Aussi, qu'arrive-t-il dans un vin de la sorte ? le ferment ne pouvant décomposer qu'une portion de sucre,
le liquide restera toujours plus ou moins sucré ; c'est ce
qui a lieu dans les vins du midi de l'Europe, de la manière la plus prononcée.

Dans le nord, c'est-à-dire dans les dernières limites
où la vigne se cultive, il est rare que le raisin atteigne un
degré de maturité complet ; il en résulte que le vin contient une plus grande quantité d'acide tartrique, par
conséquent beaucoup de ferment.

De même, les parties de vigne, d'une seule localité, exposées au midi, produisent un vin moins chargé en ferment
que celles qui regardent le nord ; comme les raisins noirs,
qui sont plus hatifs que les blancs, possèdent moins de
ferment que ces derniers.

Selon ces données théoriques, qui sont parfaitement en
rapport avec l'expérience et les produits obtenus par l'a-
nalyse chimique, il est bien important de composer autant que possible une cuvée de crus provenant de plusieurs communes et d'expositions différentes, surtout
dans les années à grande maturité ; de cette manière on
pourra assurer au vin que l'on devra tirer en mousseux,
une proportion de ferment toujours plus que suffisante
pour décomposer tout le principe sucré nécessaire pour
avoir une belle mousse.

En agissant de la sorte, on sera donc certain de ne pas tomber dans l'inconvénient d'avoir peu de ferment ; mais on éprouvera presque toujours celui d'en avoir trop.

On parviendra à détruire l'excédant du ferment, qui est nuisible sous plus d'un rapport, en suivant les précautions connues ; mais qui sont souvent remplies imparfaitement pour atteindre ce but.

D'abord, il est bon que l'on sache que le ferment peut être éliminé ou précipité du vin par trois moyens, qui sont : l'acide sulfureux, l'alcool (ou l'eau-de-vie) et le tannin.

Il en existe encore un quatrième ; mais celui-ci est produit par la fermentation, c'est le gaz acide carbonique ; je ne le cite ici que pour mention.

On doit faire usage avec discernement des trois premiers moyens, selon que la récolte a atteint un degré plus ou moins grand de maturité.

Dans les bonnes années, comme 1822, 1825 et 1834, il faut souffrer ou muter, et employer moitié moins d'alcool et de tannin que dans les années dont la récolte est le produit de raisins verts, telles que 1833, 1835 et 1836.

Acide sulfureux.

L'acide sulfureux a la propriété d'entrer en combinaison avec la gliadine extraite du froment, comme il a celle de se combiner avec le ferment du vin et de le précipiter sous forme de dépôt blanchâtre ; il est facile de s'en convaincre en chargeant fortement de cet acide du moût de raisin ; tout le ferment se précipitera ; si l'on filtre ensuite dans du papier gris de manière à avoir le liquide parfaitement clair, il n'entrera pas en fermentation et restera sucré.

En mêchant trop fortement, dans les années de bonne qualité, surtout des crus qui sont connus pour avoir peu de ferment, on priverait le vin d'un principe qui lui est très-nécessaire.

Emploi de l'alcool.

———

Ce liquide ne se combine pas avec le ferment ; mais il a la propriété de précipiter la gliadine tenue en dissolution dans l'eau par l'acide tartrique, comme il a celle de précipiter le ferment du vin.

L'alcool à 35 ou 40 degrés, dissout du ferment à chaud, ainsi que la gliadine provenant du froment ; mais, employé à froid, il les précipite de leur dissolution par l'acide tartrique.

Dans le vin, le ferment ne se maintient en dissolution que par la présence de l'acide tartrique ; quand ce corps (le ferment) y est en excès, il lui donne une apparence laiteuse, parce qu'une grande partie ne s'y trouve alors qu'en suspension ; c'est l'état dans lequel on le voit depuis la vendange jusqu'au moment où il devient clair.

Aussitôt la récolte du vin, il convient d'ajouter, dans chaque pièce de 225 bouteilles,

Une bouteille d'eau-de-vie dans les bonnes années, ou environ un demi-litre d'alcool, dit 3/6 ;

Deux bouteilles d'eau-de-vie dans les années à vin vert, ou alcool un litre un quart.

Un vin qui reçoit de l'eau-de-vie aussitôt son entonnage, s'éclaircit plus promptement que celui dans lequel on n'en n'a pas mis, parce qu'elle aide à la précipitation du ferment, qui n'est qu'en demi-dissolution et qui troublait fortement le vin.

Il en résulte aussi un autre avantage, c'est que l'addition de l'eau-de-vie active singulièrement la fermentation dans ce moment là, par la raison qu'elle débarrasse le vin de l'excès de ferment qui retarde la décomposition du principe sucré.

Je vais citer un fait à l'appui de ce que j'avance.

En 1836, je me suis assuré que le moût, dans les premières vingt-quatre heures de récolte, contenait par bouteille 21 gros de principe sucré.

Des pièces d'une cuvée de la sorte, qui reçurent deux bouteilles d'eau-de-vie, devinrent parfaitement claires au bout de six semaines, et la matière sucrée était entièrement décomposée.

Celles où l'on s'était abstenu d'en introduire, étaient troubles, et la matière sucrée s'y trouvait encore à la dose de 8 à 9 gros par bouteille.

Usage du Tannin.

Le tannin, que je considère comme étant le troisième moyen à employer pour précipiter le ferment, ne doit intervenir dans le vin qu'après qu'il est soutiré de dessus colle d'une part, et d'une autre au moment du

**

tirage, afin qu'il achève de neutraliser la portion de ce
principe, qui se trouve toujours en excès après la fermentation en bouteilles, et qu'il prévienne surtout l'adhérence du dépôt aux parois de la bouteille.

Je dis que le tannin prévient l'adhérence du dépôt
aux parois du verre. Ce fait est aujourd'hui bien con-
stant, et sous ce rapport là l'utilité du tannin est incon-
testable.

Il faut que le tannin soit exempt de mucilage, parce
qu'alors il donnerait lieu à cet accident, mais d'une manière moins apparente ; cela consiste seulement dans
des taches souvent impossibles à faire disparaître.

Son emploi met donc à l'abri d'un grave inconvénient,
qui est connu sous celui de masque ; les praticiens
savent toutes les difficultés que l'on éprouvait à le dé-
tacher de la bouteille et les pertes que cela occasionnait.

La présence du tannin procure également l'avantage
d'avoir un vin qu'on peut expédier beaucoup plus tôt
et en un seul dégorgement, parce que le dépôt mûrit
promptement ; comme il est d'une nature sablonneuse
et non légère, il se précipite facilement sur le bouchon,
et la main-d'œuvre, en ce qui concerne le travail du vin
lorsqu'il est sur table, est considérablement diminuée.

Qu'on ne vienne pas objecter que le tannin donne un
goût au vin, puisque ce corps est absorbé par le ferment ;
d'ailleurs l'expérience ne laisse aucun doute à ce sujet.

Lorque l'emploi de cette substance était au berceau,
je conviens que sa présence était très-reconnaissable dans
les vins, parce que la dose en était par trop élevée. Cette
dose était alors au moins six fois plus forte qu'aujourd'hui.

Avec le temps, on a reconnu le point auquel on devait
s'arrêter ; il consiste dans une once de tannin par pièce
de 225 bouteilles; ce qui est le maximum.

Les meilleures choses du monde ne valent rien et sont
rejetées quand elles ne sont pas bien utilisées ou mal
préparées.

Un tannin peut être mal préparé, parce qu'il y a une
infinité de procédés pour obtenir ce produit ; mais je
déclare que pour être employé avec sécurité dans les
vins, il doit posséder les trois caractères suivants :

1° D'être très-soluble dans l'eau ;

2° De jouir d'une grande solubilité dans l'acide tartrique, parce que le vin contenant de cet acide, il ne doit
pas le troubler ;

3° Enfin, il doit être insoluble dans l'alcool, autre-
ment la partie spiritueuse du vin dissout le principe
colorant du tannin, et lui communique une légère teinte
presque imperceptible, consistant dans un petit œil vert
ou bleu ; cela dépend de la substance dont on l'a retiré.
Le tannin ayant les propriétés ci-dessus, blanchit au contraire les vins ; même les vins rosés.

*Conditions à remplir pour réussir complétement dans
un tirage.*

On reconnaîtra que, pour obtenir un succès certain
dans un vin que l'on se propose de tirer en mousseux, et
ne plus courir les chances d'une casse extraordinaire, et

de maladie ou graisse ; il faut remplir six conditions, dont trois principales et trois accessoires.

Les trois conditions principales sont la présence :

1° du ferment, ⎫
2° du sucre, ⎬ dans des proportions voulues et fixes,

3° d'une chaleur déterminée.

Les trois conditions accessoires, consistent dans l'emploi :

1° de l'alcool ou de l'eau-de-vie, ⎫ dans des quantités
2° du tannin, ⎬ variables ;

3° enfin, d'un commencement de fermentation avant la mise en bouteilles.

La formation d'une cuvée a lieu ordinairement aussitôt que le vin a subi un premier soutirage, connu sous le nom de débourbage.

Plus tôt on pourra pratiquer cette opération, surtout dans les années à vin vert, plus on obtiendra l'avantage d'avoir un vin dans l'état normal, relativement à la condition du ferment ; l'excédant de ce principe aura eu le temps de se séparer du vin et de tomber au fond des pièces par les moyens qui vont encore être mis en usage pour cela.

La composition de la cuvée étant faite, on s'occupera de suite de faire introduire, par pièce de 225 ou 180 litres :

Deux bouteilles d'eau-de-vie ou un litre un quart d'esprit à 33 degrés dans les bonnes années ;

Quatre bouteilles d'eau-de-vie ou deux litres et demi d'esprit à 33 degrés, dans les années à vin vert,

en outre de ce qui a déjà été employé à l'époque de
la vendange.

Vingt-quatre heures après l'addition du liquide spir-
tueux, on procédera au collage, en mettant dans chaque
pièce seulement un gros de colle de poisson, faite à
froid.

Quinze jours ou un mois au plus tard, on procédera
au soutirage de la cuvée, pour la retirer de dessus colle ;
on fera alors placer les pièces de la manière suivante,
surtout dans une grande exploitation dont le tirage
dure de trois à quatre mois.

	Température.
Une partie des pièces sera déposée au cellier chaud.	12 à 18 deg. R.
————————————————— au cellier froid.	10 à 12 ———
————————————————— en cave.	7 à 9 ———

Les fûts ainsi disposés recevront chacun une bouteille
de liqueur à vin, et en outre :

1/4 de bouteille de tannin dans les bonnes années ;

1/2 ———————————— dans les années à vin vert.

Le vin restera dans cet état jusqu'au moment du
tirage, et se conservera parfaitement.

Une fermentation tumultueuse ne viendra pas détruire
une partie du bouquet, ni exposer le vin à être tiré dans
un état tout-à-fait nébuleux ; ce qui produit toujours
beaucoup de dépôt dans les bouteilles, et excite une fermentation si grande, que la casse s'y développe souvent
de la manière la plus funeste. Un vin de la sorte contient
aussi du mucilage, qui donne lieu à un petit dépôt très-
adhérent.

C'est donc pour éviter ces écueils, qu'il est convenable,
quand on ne peut pas tout tirer en quinze jours ou en l'es-

pace d'un mois, de placer les tonneaux comme il vient d'être dit, surtout si on a mis, soit avant ou après le soutirage de dessus colle, toute la liqueur à vin qu'on se propose d'y faire entrer, usage qu'on devrait abandonner, puisqu'on ne sait pas alors la quantité de sucre qu'on sera obligé d'employer ; il est possible qu'on en mette trop, et alors il n'est pas facile d'en enlever l'excédant.

La bouteille de liqueur à vin, que je conseille de mettre par pièce de vin, à cette époque, a pour but de le disposer à se trouver dans un premier degré de fermentation le jour du tirage ; mais si cependant on a remis en pièce des vins vieux opérés, il faut tenir compte du sucre qu'ils renferment, et on pourra, dans ce cas, se dispenser d'introduire dans chaque pièce une bouteille de liqueur à vin.

L'addition du tannin dans le vin, qui a lieu en même temps que la bouteille de liqueur à vin, ne le trouble pas et on n'a pas besoin d'avoir recours à une seconde colle, qui offre plusieurs inconvénients.

Mais si on a employé un tannin qui le trouble, on est forcément obligé de coller immédiatement après son mélange dans le vin ; sans cela il ne s'éclaircirait que très-difficilement et lentement.

J'ai déjà fait savoir qu'un tannin de la sorte, reconnaissable en ce qu'il devient très-trouble par quelques gouttes de teinture d'iode, qui atteste la présence d'un corps étranger, doit être rejeté parce qu'il est insoluble dans l'acide tartrique et insoluble lui-même dans le vin ; c'est pour cette raison qu'il produit un dépôt si léger et abondant, qu'on prend à tort pour de la graisse ; ce qui a fait croire qu'il était excessivement fort.

Mise en bouteilles.

———

L'opération de la mise en bouteilles est la plus importante de cette industrie. Elle ne doit avoir lieu qu'autant qu'une température de douze degrés au moins, du thermomètre de Réaumur, ait régné depuis quelque temps, et qu'elle ait déterminé un commencement de fermentation dans les tonneaux ; aussi on ne doit pas s'attacher précisément à tel mois ou à telle lune, si cette condition n'existe pas. Le printemps dernier en a donné un exemple dont on se rappellera long-temps.

Avant de procéder au tirage, on devra examiner le vin, suivant le procédé que j'ai publié en 1836, pour savoir combien on doit ajouter de sucre ou de liqueur à vin par pièce de 225 bouteilles.

Que l'addition de la liqueur ait lieu dans chaque bouteille, ou bien dans la pièce, il est bien entendu, qu'on doit soutirer immédiatement avant la mise en bouteilles, pour avoir un vin d'une mousse égale, et y faire intervenir, par cette opération, une certaine quantité d'air, principe éminemment utile à la fermentation, parce qu'il donne plus de puissance au ferment pour décomposer la matière sucrée.

Aussitôt que la pièce est soutirée, on profite de cette circonstance pour y introduire encore :

1/4 de bouteille de tannin dans les bonnes années ;

1/2 bouteille *idem* dans les années à vin vert.

La partie de la cuvée placée au cellier chaud, sera tirée dans le mois d'avril, si la température est devenue favorable, et qu'il y ait surtout un commencement de fermentation dans les tonneaux.

Ensuite on passe à celle qui est au cellier froid.

Comme la chaleur va toujours croissant à cette époque, il est probable que la fermentation sera sensible dans les fûts composant cette série; alors on pourra les tirer dans le lieu même où ils sont déposés, et on fera remonter les bouteilles au cellier chaud, au fur et à mesure du tirage de chaque pièce.

On agira de même envers la série qui est en cave.

Mais si la sève n'existait ni dans la cuvée qui est au cellier froid, ni dans celle qui est en cave, il faudrait s'abstenir de les tirer dans cet état, parce que la fermentation ne pourrait s'y développer que très-lentement et d'une manière imparfaite, à telle température que ce soit, et telle quantité de sucre qu'on ait employée; il faudrait alors faire soutirer un certain nombre de pièces, y ajouter la liqueur qu'on se propose d'y faire entrer, et les remonter de suite au cellier chaud. La sève ne tardera pas à s'y établir, et alors, ayant de mettre en bouteilles, on introduit le tannin, puis on bouche et on agite le fût convenablement pour que toutes les couches du vin se trouvent dans un état parfaitement homogène. On prend ses dispositions de manière qu'il y ait toujours suffisamment de vin remonté, pour qu'il n'y ait pas d'interruption dans le travail.

Lorsque la casse est de 4 à 5 p. o/o, et non de 2 ou 3 seulement, ce qui doit avoir lieu dans le cours du premier mois, pour que l'opération soit bien réussie, on fait alors descendre le vin, sans aucun retard, dans une cave de 7 à 9 degrés.

Le dépôt d'un vin est d'autant plus beau que la mousse a pris en peu de temps, et que la majeure partie du ferment a été précipitée par le gaz carbonique formé en abondance.

Quand on descend à 1 ou 2 p. o/o de casse, on s'expose à arrêter la fermentation, et par la suite la mousse n'a plus le degré d'intensité convenable.

Le dépôt également se ressent de cet arrêt, et présente quelquefois un aspect filandreux.

On n'a plus à redouter une grande casse en ne descendant que quand on a environ de 4 à 5 p. o/o de perte, parce que je suppose que dorénavant on ne tirera un vin qu'après l'avoir essayé et pesé avec le gleuco-œnomètre de Cadet-Devaux.

Suivant la nouvelle application que j'ai donnée à cet instrument, on sait positivement la quantité de sucre à employer pour avoir une belle mousse sans courir le risque d'une forte casse.

A l'article sucre, je donne de nouveaux détails sur les avantages de ce moyen.

Avec les notions ci-dessus, je crois qu'il est maintenant impossible de ne pas réussir complétement dans un tirage, si on a suivi exactement le système que je viens de développer.

✶✶✶

Une cuvée ne peut manquer la mousse, ou éprouver une
forte casse, que d'après les causes suivantes :

1° Lorqu'il y a peu ou beaucoup de ferment ;

2° Quand la matière sucrée existe en trop petite
quantité ou a été portée à une dose trop élevée ;

3° Enfin, par l'absence d'une chaleur dont le degré
est connu.

Peu de Ferment.

Les trois ou quatre gros de sucre, qu'une bouteille
doit posséder pour acquérir une mousse marchande, ne
seront décomposés qu'en raison de la quantité de ferment qui se trouve dans le vin.

L'expérience suivante démontre ce fait de la manière
la plus évidente.

J'ai disposé le 20 juillet dernier, douze bouteilles
d'eau, ainsi qu'il suit :

Dans toutes j'y ai introduit 4 gros de sucre et un demi-
centième de tannin.

Ensuite j'ai mis dans la

1ʳᵉ bouteille   un   centième de gliadine ou ferment.

2°	——	deux centièmes	*idem.*
3°	——	trois ——	*idem.*
4°	——	quatre ——	*idem.*
5°	——	cinq ——	*idem.*
6°	——	six ——	*idem.*
7°	——	sept ——	*idem.*
8°	——	huit ——	*idem.*
9°	——	neuf ——	*idem.*

10° bouteille dix centièmes de gliadine ou ferment.

11° —— quinze —— *idem.*

12° —— vingt —— *idem.*

Ces bouteilles furent ensuite soumises à une température de 15 à 20 degrés.

Dans cette opération, deux conditions principales ont été remplies ; elles consistent dans une dose convenable de sucre et la présence d'une chaleur suffisante ; celle-ci aurait été cependant un peu moins élevée que le succès aurait été le même, mais seulement quelques jours plus tard.

Quand au ferment, qui est la troisième condition principale pour que la fermentation s'établisse parfaitement, il a été employé au-dessous de la dose nécessaire pour décomposer le sucre dans les sept premières bouteilles ; aussi la mousse ne s'est nullement déclarée dans les trois premières, imparfaitement dans les quatre suivantes, et d'une manière satisfaisante dans les cinq dernières, parce qu'elles possédaient suffisamment de ferment.

J'ai reconnu que l'albumine jouissait aussi de la propriété fermentescible.

Ayant préparé deux bouteilles d'eau avec 6 gros de sucre blanc dans chacune, j'ai mis dans l'une de l'albumine (moitié d'un blanc d'œuf).

Au bout d'un mois, cette dernière avait une mousse

très-forte et l'autre ne donnait aucun signe de fermentation.

M'étant assuré que le sucre candi contient un peu
d'albumine, ou une substance analogue ; que c'est sa
présence qui rend la liqueur à vin plus ou moins
trouble, parce qu'elle devient insoluble dans un liquide
un peu spiritueux, mais dont elle est séparée facilement
par la filtration, je profite de cette circonstance pour
conseiller l'emploi de la liqueur à vin, non filtrée, dans
deux cas.

Le premier, dans les vins que l'on réopère au mois de
juillet, pour les faire mousser en les dosant de manière
à les porter au 14ᵉ degré du gleuco-œnomètre de
Cadet Devaux ; cette liqueur contenant un peu de ferment sera plus propre à obtenir cet effet que de la liqueur filtrée.

Le second cas, pour opérer des vins mousseux, qui
sont très-jeunes et dont le dépôt n'est pas assez mûr pour
être expédié en un seul dégorgement.

La présence de l'albumine produisant un léger collage
en s'unissant au tannin, que le vin contient encore en
petite quantité, entraîne la gliadine, qui sans cela lui
donnerait un œil bleu, remarquable surtout par un
temps froid.

En opérant ainsi des vins qui ont un an de bouteilles,
et même moins avec de la liqueur brute, vous les obtenez
blancs et très-limpides en peu de temps ; un dépôt minime
et non adhérent vous annoncera qu'un second dégorgement est indispensable pour avoir, en dernier résultat,
un vin marchand.

L'emploi de la colle de poisson dans cette circonstance aurait produit un dépôt très-volumineux et léger ; aussi doit-on maintenant la proscrire entièrement du travail de la bouteille.

L'alcool ajouté dans un vin en bouteilles, dans le moment où il est opéré ou dosé avec de la liqueur à vin, filtrée et non collée; pour être expédié en un seul dégorgement, peut donner lieu à un grave inconvénient, quand c'est surtout un vin jeune, et qu'il contient encore du ferment en quantité notable.

Tôt ou tard, ce principe est précipité par l'acool et il y a formation de dépôt, souvent adhérant.

Dans cette circonstance, ou on devra s'abstenir d'employer de l'alcool dans la liqueur à vin, ou bien on agira prudemment en n'expédiant le vin qu'après un second dégorgement.

En général, si les vins n'étaient opérés qu'avec une liqueur à vin, qui ne fût pas plus spiritueuse que le vin même, on éviterait, de cette manière, beaucoup de désagréments.

Du Ferment en excès.

Une cuvée qui renferme trop de ferment ne réussira pas, n'importe la quantité de sucre employée, si elle est tirée

par un temps froid, et que la sève surtout ne s'y soit pas déclarée avant la mise en bouteilles.

Le ferment n'étant point décomposé par le sucre, le vin deviendra gras ou restera bleu.

Introduirait-on encore, dans cette cuvée, du sucre pour la faire mousser, je suppose le vin gras ou lourd, la fermentation ne se prononcera que très-lentement et d'une manière imparfaite, en l'exposant même à une température très-élevée.

Mais, ajoute-t-on du tannin dans un vin de la sorte, et qu'on le soumette à une chaleur de 15 à 18 degrés, la mousse alors se développera avec facilité, parce que ce principe se sera emparé d'une portion du ferment, et celle sur laquelle il n'a pas eu d'action, se trouvant moins gênée qu'auparavant, agira sur le sucre et le décomposera ; la partie de la cuvée qui aura été traitée de cette manière, marchera et moussera bien mieux que celle dans laquelle on n'aura pas mis de tannin, en supposant que l'une et l'autre soient exposées à la même température.

C'est cette circonstance qui a fait croire que le tannin excitait à la mousse, et faisait casser, parce qu'on était loin de penser qu'une trop forte quantité de ferment retardait le développement de la mousse.

Ce résultat est tout-à-fait semblable à celui obtenu par l'addition de l'alcool dans le vin, au moment de la récolte ; la fermentation est bien plus active dans les pièces qui en ont reçu que dans celles où l'on s'est abstenu d'en mettre ; dans l'une et l'autre opération l'excédant du ferment a été éliminé soit par l'alcool ou par le tannin.

Ces faits démontrent évidemment qu'on avait bien tort autrefois de mettre en bouteilles un vin provenant d'un seul crû, dans lequel il pouvait y avoir peu ou trop de ferment.

Pour annihiler l'excès du ferment, l'alcool est employé quelquefois au moment du tirage, afin d'avoir une casse moins élevée. D'après l'expérience suivante, cette addition est tout-à-fait illusoire pour parvenir à ce résultat.

J'ai préparé six bouteilles d'eau, et j'ai mis dans chacune 4 gros de sucre, 10 centièmes de gliadine et un demi-centième de tannin.

Ensuite j'ai introduit dans

La 1re bouteille 2 centièmes d'eau-de-vie.
       2e   —   4
       3e   —   6
       4e   —   7
       5e   —   9
       6e   —   10

Soumises à une température voulue, ces six bouteilles, au bout d'un mois, offrirent une mousse de la même intensité.

L'eau-de-vie a précipité le ferment bien plus promptement dans le n° 6 que dans le n° 5, et successivement jusqu'au n° 1 ; aussi le n° 6 est parvenu à un grand degré de limpidité bien plus promptement que les autres ; mais le ferment n'a pas pour cela été extrait de la bouteille, et par conséquent il a pu agir sur le sucre de la même manière, puisqu'il s'y est toujours trouvé dans la même proportion.

Pour obtenir l'effet désiré, c'est-à-dire enlever au vin une portion du ferment, il faut que l'eau-de-vie, ou l'alcool, soit mis deux ou trois mois avant le tirage et la veille du collage : voilà la meilleure manière de s'en servir.

Un inconvénient qui résulte assez souvent de l'intro-duction de l'alcool dans le vin au moment du tirage, ou d'un vin très-chargé en esprit, sans l'intervention du tannin, c'est de produire plus tôt le masque dont j'ai déjà parlé, qui est occasionné par le ferment précipité à nu sur les parois de la bouteille, c'est-à-dire sans être en combi-naison avec le tannin ; dans cette circonstance, le ferment, comme il est d'une nature glutineuse, adhère fortement au verre ; le tannin, quoique prévenant d'une manière ad-mirable ce grave accident, n'y remédie pas complète-ment, lorsque l'alcool a été ajouté le jour de la mise en bouteilles.

Du Sucre.

Les vins manquent souvent la mousse parce que le sucre n'y est pas en quantité suffisante, ou bien ils cassent énormément lorsque cette substance y entre à trop haute dose.

Les expériences nombreuses que j'ai faites ne laissent subsister aucun doute à cet égard.

Je vais mentionner encore le résultat suivant que j'ai
eu cette année.

1 bouteille contenant 1 gros de sucre n'a jamais eu qu'une mousse ex-
trèmement faible.

1 ——— 2 ——— a eu une mousse demi-mar-
chande.

1 ——— 3 ——— a atteint une mousse prononcée
et sortant de la bouteille.

1 ——— 4 ——— a eu une mousse qui sortait par
flots de la bouteille.

1 ——— 5 ——— est parvenue à une mousse vio-
lente et folle.

1 ——— 6 ——— la mousse était extraordinaire.

Dans plusieurs essais semblables, pareille chose a eu
lieu au bout de 15, 20 à 30 jours, et par une température
de 15 à 20 degrés.

Ceux que j'ai exécutés du 1er mai au 15 juin dernier
n'ont nullement réussi, parce que la chaleur n'était pas
suffisante. Les personnes qui seraient tentées de faire ces
expériences, ne doivent les entreprendre que depuis le
15 juin jusqu'au 1er août.

Toujours on remarquera que presque toutes les bouteilles avec 6 gros de sucre seront cassées, et celles à 5
gros seront considérablement recouleuses.

L'opération ci-dessus prouve, de la manière la plus
authentique, que l'emploi rationnel du sucre est une des
conditions les plus importantes à satisfaire pour éviter
deux grands écueils, qui sont : ou l'absence de la mousse,
ou une casse par trop considérable.

On parvient au point désiré, à n'avoir que 3 ou 4 gros
de sucre par bouteille, en soumettant les vins, huit jours
avant le tirage, à l'examen du procédé que j'ai indiqué

l'an passé. Il consiste à faire évaporer une bouteille de vin jusqu'à la réduction de quatre onces justes, et à les peser, avec le gleuco-œnomètre de Cadet-Devaux, au bout de vingt-quatre heures, parce qu'alors la crème de tartre est cristallisée.

Le dixième degré au-dessous de zéro de cet instrument atteste la présence de 3 gros de sucre par bouteille, ou bien de 5 livres par pièce de 225 bouteilles.

Et le douzième, près de 4 gros, ou 7 livres par pièce.

Je vais prouver l'exactitude de cette méthode.

Ayant annoncé que le point de départ est le cinquième degré au-dessous de zéro, degré qui indique l'absence totale du principe sucré dans le vin, il en résulte que si on ajoute dans une pièce de vin de 225 bouteilles (dont on se sera assuré qu'elle ne marque que 5 degrés) cinq livres de sucre, et qu'on fasse ensuite réduire une bouteille à 4 onces, on trouvera qu'elle est portée à 10 degrés.

Si on ne met qu'une livre de sucre au lieu de cinq, on trouvera 6 degrés.

De sorte qu'en introduisant livre par livre de sucre dans une pièce de vin, le résultat sera d'un degré en plus à chacune des additions; cela prouve la grande précision de l'instrument de Cadet-Devaux, puisqu'il indique la plus petite quantité de sucre qu'un vin puisse posséder, ce qui est bien important à savoir au moment du tirage.

J'ai examiné, suivant ce procédé, un grand nombre de cuvées au printemps dernier; la moins chargée en sucre m'a donné 6 degrés au-dessous de zéro, et la plus riche 19 degrés, parce qu'on y avait mis considé-rablement de matière sucrée.

Les résultats obtenus m'ont fait reconnaître que l'on peut, sans s'exposer à une casse qui puisse aller au-delà de 10 à 15 p. o/o, en suivant d'ailleurs toutes les autres précautions indiquées, porter dorénavant les vins jusqu'au 12me degré, mais de ne les tirer jamais au-dessous du 10me.

En conséquence chaque bouteille devra avoir, au moins le jour du tirage, trois gros de sucre, ou 4 gros au plus pour éviter une forte casse.

Pour y parvenir, on se conformera au tableau suivant.

Huit jours avant le tirage, une bouteille réduite au point convenable, et pesée au bout de vingt-quatre heures, qui marquera

5d. au-dessous de o,		7 bouteilles		ou 7 liv. de sucre.
6	on ajoute	6		6
7	par	5		5
8	pièce	4	de liqueur à vin.	4
9	de 225	3		3
10	bou-	2		2
11	teilles,	1		1
12		0		0

Quant aux demi-bouteilles, je conseille de porter le vin qui devra les remplir jusqu'au 13me degré, parce que la fermentation est toujours moins active dans un aussi petit volume.

Tous les vins, au moment de la mise en bouteilles, n'importe la quantité de sucre qu'ils renferment, marquent, avant leur évaporation, zéro, ou 1/2^d au-dessus, ce qui est tout-à-fait insignifiant pour l'objet que l'on a en vue.

Une bouteille de liqueur à vin représentera une livre de candi, en mettant dans une pièce autant de sucre qu'elle contient de bouteilles de vin.

La liqueur doit être faite à froid, non collée et filtrée.

Il est aussi très-essentiel de s'assurer si le gleuco-œno-mètre que l'on s'est procuré est bien étalonné.

On y parvient de la manière suivante :

Cet instrument plongé dans l'eau marque o.

Il indique cinq degrés dans le mélange suivant :

Eau, trois onces... 5 gros,⎫ en tout quatre onces
Sucre .... 3 —⎬ bien justes.

Il s'élèvera à dix degrés dans un mélange fait avec :

Eau, trois onces... 2 gros,⎫ en tout quatre onces
Sucre. .... 6 —⎬ bien justes.

Vous obtiendrez quinze degrés dans le mélange ci-après :

Eau, deux onces.. 7 gros,⎫ en tout quatre onces
Sucre, une once.. 1 —⎬ bien justes.

J'ai dit que le cinquième degré au-dessous de zéro doit être le point de départ de la méthode, pour juger de la quantité de sucre à introduire dans un vin, afin de lui assurer une mousse convenable.

Pour acquérir la certitude de ce fait, et qu'il ne laisse aucun doute dans l'esprit de personne, on n'a qu'à prendre une bouteille de vin blanc ou rouge, de notre pays, et non d'ailleurs, qui ait au moins trois ans, et qu'il soit constamment resté en cercles depuis la récolte, afin que la fermentation ait détruit jusqu'au dernier vestige du principe sucré ; on la fait réduire à quatre onces, celles-ci réfroidies peseront, au bout de vingt-quatre heures, de cinq à six degrés, mais plus souvent six.

Tout vin nouveau mis en bouteilles à 5^d ne moussera

pas, à telle température que ce puisse être ; du moins, jusqu'à présent, j'ai toujours eu un résultat négatif.

Les cinq degrés que le vin pèse étant réduit, sont produits par la présence de certains sels, et du ferment ; mais principalement par l'acide tartrique qui y domine.

———————

Un autre avantage résulte aussi de l'emploi de l'instrument de Cadet-Devaux, c'est de pouvoir suivre, pas à pas, les progrès de la fermentation qui a lieu, soit dans les tonneaux, ou bien dans les bouteilles.

En effet, un vin mis en bouteilles à 10 ou à 12^d, dont la mousse est devenue marchande, ne doit plus marquer que de 5 à 6^d ; alors on reconnaîtra que la casse n'est plus guère à craindre, puisqu'à 6^d le vin ne renfermera plus qu'une livre de sucre sur 225 bouteilles.

Un vin qui n'a pas pris la mousse, à cause de l'absence de la chaleur, donnera, au bout de six semaines de tirage, à peu près le même degré qu'il possédait le jour de la mise en bouteilles.

Quant au vin en cercles, il faut commencer par l'essayer à l'époque de la vendange, lorsqu'il est à l'état de moût ; et dans les premières vingt-quatre heures de fabrication.

Le calcul à faire pour apprécier la richesse d'un moût est tout différent de celui qui doit servir à faire reconnaître la quantité de sucre dans un vin presque fait.

Je me suis assuré que chaque degré au-dessous de zéro, indique la présence de trois gros de sucre par bouteille de moût, et non par litre ; mais il faut toujours déduire un degré pour les parties salines et extractives qui existent dans le vin.

Ainsi le vin de 1836, dans les vingt-quatre heures de la récolte, marquait 8^d au-dessous de zéro ; en déduisant un degré, cela le réduit à 7^d, qu'on multiplie par 3 pour avoir le poids du principe sucré, qui se trouve être de 21 gros.

Cette quantité de matière sucrée pourra être décomposée entièrement, quelquefois au bout de six semaines, si on a ajouté surtout de l'eau-de-vie et qu'une température convenable ait régné. Le vin alors marquera de 5 à 6 degrés au-dessous de zéro dans une bouteille qu'on a fait réduire à quatre onces.

Si on continue de faire évaporer jusqu'à siccité les quatre onces ci-dessus, dans une capsule de porcelaine dont vous connaissez le poids, vous aurez pour résidu trois gros, qui ne seront autre chose que les substances dont j'ai parlé.

Mais si la décomposition du sucre n'est pas totale, et que vous trouviez 10 degrés au lieu de 5, faites évaporer comme ci-dessus, le résidu sera de 6 gros.

On sait que 6 gros de sucre dissous dans 3 onces 2 gros d'eau marquent 10 degrés, résultat semblable à celui ci-dessus.

Si la décomposition du sucre est encore moins avancée, et que vous ayiez, je suppose 15 degrés, l'évaporation totale vous donnera un poids de 9 gros.

On a dû remarquer que 9 gros de sucre dissous dans 2 onces 7 gros d'eau, ont donné à ce liquide la même densité que la bouteille qui portait 15 degrés.

Tous ces rapprochements sont de la plus grande jus-
tesse ; mais, pour prouver que l'instrument de Cadet-Devaux atteste la présence de 3 gros de sucre par bouteille
à chaque degré au-dessous de zéro , c'est de faire évaporer une bouteille de moût, qui marque 8 degrés , jusqu'à siccité et qu'on ne puisse plus convertir en vapeur aucune portion d'eau, en remuant continuellement , on aura
en définitif une masse qui pesera 24 gros.

En 1834 , le moût pesait de 11 à 12 degrés, et comme
celui de 1836 n'était que de 8 et de 9 dans quelques
localités , on pourra juger, par ce moyen, de ce que sera,
par la suite , un vin sous le rapport de sa spirituosité.

D'après cette donnée, pourquoi ne porterait-on pas
le moût d'un vin , qui ne marque que 8 degrés à 11 ou à 12
degrés par une addition convenable de sucre ; il en résul-
terait un vin plus généreux , et les vins rouges surtout
ne seraient pas autant exposés à tourner à l'aigre , parce
que tout le ferment aurait été décomposé ; le vin aigre ou
l'acide acétique n'est produit que par l'action du ferment sur l'alcool ; en alimentant la fermentation par une
quantité de sucre suffisante , on détruit ce principe et on
n'a plus à redouter ce grave inconvénient.

La dose de sucre à employer dans cette circonstance ,
par chaque degré qu'on veut obtenir par pièce de 225
bouteilles , est de 2 livres et demie.

Ainsi un moût qui ne marque que 8 degrés , doit rece-
voir par pièce 5 livres de sucre (fondues préalablement
dans un bassin de ce même moût, échauffé environ à 40
degrés de chaleur) si on veut la porter à 10 degrés. Mais

cette opération doit avoir lieu aussitôt la vendange ter-
minée.

Le moût doit-être abrité du contact de l'air, et sou-
mis autant que possible à une température de 12
degrés pour activer la fermentation.

Ce moyen est ce me semble le plus naturel pour amé-
liorer ou bonifier les vins.

De la Chaleur.

On ne doit plus mettre en doute aujourd'hui, d'après
les nombreuses observations qui ont été faites, que la
chaleur joue un très-grand rôle dans l'acte de la fermentation ; sans elle, cette opération est nulle, et en
outre les résultats divers qu'elle présente ne sont souvent que le résultat de tel ou tel degré de chaleur, auquel elle a été soumise.

Il n'est donc pas indifférent de faire un tirage dans
tel ou tel mois ; le meilleur guide pour cela est le thermomètre à mercure, suivant Réaumur.

Il ne s'agit pas encore de mettre un vin en bouteilles
à 12 ou 15 degrés de chaleur, il est essentiel aussi que
cette température règne depuis un certain temps, pour
qu'elle détermine un premier degré de fermentation
dans les tonneaux. Cette fermentation est connue sous le
nom de sève ; alors le vin se trouve seulement dans un
état favorable pour être tiré.

De n'avoir point attaché d'importance à ce principe
fondamental, il en est résulté, dans beaucoup de tirages,

une infinité d'accidents plus ou moins fâcheux et des résultats tout à fait négatifs.

Un vin mis en bouteilles sans être en sève, n'importe la dose de sucre qu'il contienne, qu'on l'ait même porté à 15 degrés du gleuco-œnomètre de Cadet-Devaux, ce qui représente 6 gros de sucre par bouteille; ce vin, si un temps froid continue, ne marquera pas ou presque pas; il ne prendra pas la mousse et deviendra plus ou moins gras, si on n'a pas employé de tannin et si c'est surtout une cuvée de raisins blancs.

Si au contraire, on a fait usage d'une once de tannin par pièce, le vin étant toujours dans les conditions ci-dessus, ce liquide restera sec; mais le dépôt peu abondant sera plus ou moins filandreux, et la masse du vin sera encore bleuâtre, couleur due à la présence du ferment qui n'a pas été détruit par la fermentation.

Dans cette circonstance, il faut qu'un vin de la sorte soit opéré à 2 ou 3 pour cent, avec de la liqueur bruté et exposé à une température de 15 à 18 degrés de chaleur.

En l'espace de quinze jours, tout change de face; le vin perd son œil bleu et devient très blanc, parce que le ferment ayant agi sur le sucre, le gaz carbonique qui en est résulté (quatrième moyen pour précipiter le ferment) s'est combiné avec lui et l'a entraîné sur le flanc de la bouteille (*). Le dépôt qui était pour ainsi dire nul,

(*) Si un tube en verre est adapté convenablement à une bouteille placée horizontalement, que l'une de ses extrémités s'engage un peu au-dessus du liquide, et que l'autre se rende dans un bocal plein d'eau, pour recueillir le gaz, on remarquera qu'il ne se forme presque pas de dé

avant cette opération, s'annonce de la manière la plus
satisfaisante et ne tarde pas à présenter la forme particu-
lière d'un fer à cheval ; ordinairement quand ce signe se
manifeste, la casse est arrivée à 4 ou 5 pour cent, et
alors on doit descendre en cave.

Si ce vin, dont je viens d'énumérer les diverses phases
par lesquelles il a passé, avait été tiré avec un premier
degré de fermentation et à une température de 12 à 15
degrés, en moins d'un mois il aurait acquis une mousse
marchande.

D'après ce que je viens d'exposer, on voit que les progrès de la fermentation en bouteilles s'annoncent par
l'augmentation du dépôt ; que ce dépôt est produit en
grande partie par le gaz carbonique, à mesure que celui-
ci prend naissance, parce qu'il a la propriété de se combiner au ferment, comme il jouit de celle de se combiner à la gliadine extraite de la farine de froment; mais
le carbonate de gliadine qui en résulte, est par la suite
décomposé par le tannin ; c'est alors que le dépôt change
de forme et de nature, qu'il occupe moins de volume
et n'est plus adhérent. Cette révolution n'est complè-
tement achevée qu'après la fermentation, pourvu que le
tannin ait été employé à une dose suffisante.

pôt ; il est bien entendu que la bouteille est située dans les conditions fa-
vorables pour développer la fermentation. Le ferment ne sera pas précipité, parce que le gaz carbonique s'échappe de la bouteille au fur et à mesure qu'il est produit, et le vin devient gras, filant. Cela démontre que
plus les bouteilles sont recouleuses, plus elles sont exposées à avoir un
blanc ou de devenir grasses, parce qu'elles ont perdu une partie de leur
gaz.

Tant que la fermentation dure, on ne doit toucher ni remuer aucune bouteille, parce que cela déplace le dépôt. Un dépôt troublé par une cause quelconque est un très grave inconvénient; parce qu'une partie de ce dépôt, transportée dans la masse du vin, y est retenue plus ou moins en dissolution par l'acide tartrique; le tannin alors éprouve beaucoup plus de résistance à s'emparer de cette portion de graisse que lorsqu'elle est combinée au gaz carbonique, attendu que ce dernier acide a moins d'affinité pour la gliadine que n'en a l'acide tartrique.

Cela retarde donc considérablement la maturité du dépôt, et le vin peut devenir pesant et avoir un blanc très-prononcé.

Quand la casse s'élève à un chiffre par trop considérable, je ne connais pas de moyen plus efficace pour la modérer que l'emploi de la glace.

Celle-ci étant répandue sur le sol de la cave ne tarde pas à en abaisser la température, et par conséquent à diminuer la casse.

La glace, dans les caves, fond très-lentement, et pour parvenir à cet état, elle absorbe considérablement de chaleur; on sait qu'une livre de glace à zéro, mise dans une livre d'eau à 80 degrés de chaleur, celle-ci tombe à zéro, quand la glace est fondue.

Une glacière pratiquée dans une cave froide pourrait être quelquefois d'une grande utilité, mais en ne dépassant pas le 12e degré du gleuco-œnomètre de Cadet-Devaux, je pense que l'on sera dispensé d'avoir recours à ce moyen ni à tout autre.

C'est dans cet article que j'aurai dû mentionner l'influence du fluide électrique, qui, d'après ce qui est généralement reconnu paraît contribuer à augmenter la casse.

Cependant, comme on ignore le rôle que joue ici ce fluide, ne pourait-on pas plutôt supposer, et cela me paraît plus vraisemblable, que dans les moments d'orage où l'air est très-chargé d'électricité, la chaleur est aussi très-élevée ; celle-ci doit par conséquent donner au ferment une puissance plus grande pour décomposer encore quelques portions du principe sucré ; alors, comme il y a formation nouvelle de gaz acide carbonique, il doit s'en suivre rupture du verre, dans les bouteilles surtout dont la quantité de gaz était déjà très-grande ; du moins, voilà l'opinion que je me suis faite sur ce point.

Nota. — Ayant trouvé un procédé pour éliminer à l'instant même tout le ferment qui peut être contenu dans une bouteille de vin et de pouvoir aussi en apprécier la quantité, je n'ai pas crû devoir le publier dans l'intérêt même du commerce ; par le même motif, j'aurai dû m'abstenir de faire connaître en 1836, celui qui est relatif au sucre.

RÉSUMÉ.

Dans ce mémoire, j'espère avoir réuni tous les renseignements nécessaires pour être constamment heureux dans un tirage; autrefois on attribuait pour ainsi dire au hasard l'avantage de réussir dans cette industrie, parce qu'on ne tenait pas compte de l'état du vin, et qu'on le traitait toujours à peu-près de la même manière.

Si quelqu'un faisait une observation précieuse, elle ne fructifiait pas, parce qu'elle restait comme ensevelie pour les autres; c'est pour cette raison que ce genre de commerce n'a pas fait de progrès et est resté au berceau.

Afin d'éviter des recherches, j'ai cru devoir réunir, dans le court exposé suivant tout ce que renferme ce recueil, pour qu'on puisse, d'un seul coup-d'œil, voir quels sont les divers travaux que l'on doit faire subir à une cuvée.

En conséquence, je conseille de gouverner un vin à tirer en mousseux, suivant les précautions qui suivent :

La cuvée étant faite (la formation doit avoir lieu en janvier ou février, et des crûs de différents vignobles doivent entrer dans sa composition principalement dans les années de bonne qualité), il faut de suite introduire dans chaque pièce une certaine quantité d'eau-de-vie ou d'esprit, dont la dose doit varier suivant les récoltes.

Je suis d'avis que l'on doit employer par pièce de 225 bouteilles :

1° Deux bouteilles d'eau-de-vie à 20 degrés, ou 1 litre 1/4 d'esprit à 33 degrés, dans les bonnes années ;

2° Quatre bouteilles d'eau-de-vie ou 2 litres 1/2 d'esprit, dans les années à vin vert.

La cuvée ayant reçu l'eau-de-vie ou l'esprit de vin, on colle le lendemain avec 1 gros de colle faite à froid, parce que préparée à chaud, elle est beaucoup plus forte et enlève trop de tannin naturel.

Le vin étant devenu clair, on procède au soutirage ; on profite de cette opération pour faire déposer toutes les pièces de la manière suivante, surtout dans les grandes exploitations :

	température.
Une partie de la cuvée est placée au cellier chaud.	12 à 18 deg. R.
—————————————————— froid.	10 à 12
——————————————————— en cave.	7 à 9

Ceci terminé, on fait mettre aussitôt par pièce une bouteille de liqueur à vin, si toutefois le vin ne contient pas, ou presque pas de sucre, ce dont on peut facilement s'assurer par le gleuco-œnomètre de Cadet-Devaux, c'est-à-dire quand il ne marque que de 5 à 6 degrés ; ensuite on ajoute :

1/4 de bouteille de tannin dans les bonnes années ;

1/2 ————————————— dans les années à vin vert.

On ne colle pas un vin dès qu'une fois il a reçu du tannin ; il suffit que l'on sache que le tannin ne le trouble pas et qu'il doit surtout être employé très-clair. La colle a l'inconvénient d'enlever du tannin ajouté, et de produire beaucoup de bas vins.

La cuvée reste dans cet état jusqu'au moment du tirage.

Si une température de 12 à 15 degrés, commence à régner dans le mois d'avril, et qu'elle détermine un mouvement dans le vin, connu sous le nom de sève, alors le tirage doit avoir lieu par la série qui est au cellier chaud.

On soutire préalablement une pièce qui doit être limpide et non nébuleuse, pour n'avoir ni trop de dépôt dans les bouteilles, ni par la suite une casse trop prompte; puis à l'instant, on y ajoute la quantité de liqueur à vin, non collée et filtrée, déterminée par le gleuco-œnomètre de Cadet-Devaux, en portant le vin au 10° ou au 12° degré de cet instrument.

De plus on met dans la pièce :

1° Un quart de bouteille de tannin dans les bonnes années ;

2° Une demi-bouteille de tannin dans les années à vin vert.

Le tout étant parfaitement mélangé, suivant l'usage, on met immédiatement ce vin en bouteille, qu'on dépose dans un cellier chaud (température de 12 à 18 degrés).

Les autres séries sont traitées de la même manière, et toutes les bouteilles remontées au cellier chaud au fur et à mesure du tirage de chaque pièce.

Mais si la sève ne s'y était pas encore déclarée au moment de les mettre en bouteilles, on en ferait soutirer une partie et remonter les pièces au cellier chaud, en y introduisant de suite la liqueur à vin.

Au bout de quelques jours, la fermentation commencera à s'y manifester, alors on y mettra la dose de tannin indiquée ci-dessus ; on remue parfaitement le vin, puis on met en bouteilles ; et celles-ci déposées, bien entendu, dans un lieu chaud.

Dès que l'on remarque une casse de 4 à 5 pour o/o, ce qui doit avoir lieu, pour que l'opération soit parfaitement réussie en l'espace du premier mois de tirage, alors on descend les bouteilles en cave, afin de modérer l'action du ferment sur le sucre, et prévenir une casse qui ne doit pas aller, dans les cas les plus funestes, au-delà de 12 à 15 pour o/o.

En suivant scrupuleusement la marche ci-dessus, on obtient un résultat très-satisfaisant, qui consiste a avoir un vin d'une limpidité des plus grandes, un dépôt très-sablonneux et non léger, et possédant surtout une mousse marchande et bien uniforme.

Châlons, le 20 septembre 1837.

FRANÇOIS,

ancien pharmacien.

(*) On emploie quelquefois le tannin dans des vins rouges, mais seulement de la manière suivante :

Il faut ajouter dans les vins rouges qui sont lourds ou troubles et difficiles à éclaircir 1/4 de bouteille de tannin par pièce de 225 bouteilles, après l'avoir préalablement soutiré de dessus sa lie ; on colle cette pièce deux ou trois jours après, avec trois à quatre blancs d'œufs ; ce vin deviendra parfaitement limpide au bout de quarante-huit heures.

www.ingramcontent.com/pod-product-compliance
Lightning Source LLC
Chambersburg PA
CBHW060501210326
41520CB00015B/4044